AF475272

TERMES DESQVELS ON VSE SVR MER

DANS LE PARLER,

Avec les pieces & parties d'un Vaisseau & des Manœuvres.

Le tout par ordre Alphabétique, tiré des plus habiles Auteurs, Pilotes & Matelots.

AU HAVRE DE GRACE,
Chez JACQUES GRUCHET, Imprimeur & Libraire de Monseigneur le Duc de S. Aignan & de la Ville.
M. DC. LXXXI.

TERMES DESQVELS on use sur Mer dans le parler, avec les pieces & parties d'un Vaisseau & des Manœuvres.

Le tout par ordre Alphabétique, tiré des plus habiles Auteurs, Pilotes & Matelots.

ACCLAMPER, C'est joindre une piéce de bois à un autre.

Acte de delais, C'est lors que le debiteur abandonne le tout pour la perte & le naufrage.

Agréer un Navire, C'est l'accepter, & celuy qui l'agrée, c'est celuy qui l'accepte.

Agreils ou sarties, sont tous les appareils d'un Vaiſſeau.

Aygade, C'eſt faire proviſion d'eau.

Aiguille de tré, C'eſt une aiguille à coudre les Voilles.

Alof ou *Olof*, C'eſt venir au vent, & quelquefois parlant à un autre c'eſt à dire éloignez-vous ou prenez garde.

Alonge ou Scalme, C'eſt une piece de bois pour en alonger une autre.

Amarrer, C'eſt à dire attacher.

Amatelotter, C'eſt faire un camarade dans le Vaiſſeau.

Amener, C'eſt à dire abaiſſer les Voilles ou faire venir autre choſe à ſoy.

Amuler, C'eſt peſer ſur la Voille & ſur le bord vers le vent.

Ancre, C'eſt un crampon qui tient le Navire.

Antene ou Vergue, C'eſt ce qui ſoutient une Voile.

Antene de beille ou Materaux, ſont des Vergues qui ſont en attente en cas qu'il s'en caſſe ou uſe quelques-unes qui ſervent.

Arbaleſte ou arbaleſtille, C'eſt un inſtrument anciennement dit baſton de Jacob, ſervant à prendre hauteur.

Argan ou Arganet, C'eſt l'aneau de

l'Ancre.

Aplêter les Voilles, C'est les déployer.

Argent à profit, C'est à l'interest.

Arrive, C'est à dire amene, il est aussi dit proche de terre arrive.

Arrisser les Vergues, C'est les mettre bas.

Artimon, C'est le Mas de derriere d'un Vaisseau, sa voille s'appelle voille d'Artimon; son Perroquet aussi d'Artimon. Voyez Perroquet au p.

Assurence, C'est un contrat d'indemnité.

Avarie. Signifie dépence.

Avarie grosse, C'est le Navire & la marchandise.

Aubans, sont les grosses cordes qui tiennent les travers pour monter au haut des Mas en forme d'échelle.

Avituailler, C'est mettre des vivres dans le Vaisseau.

Avituaille, sont les Vivres.

B

B*alancine*, Sont les cordes qui tiennent les Vergues ou Antenes.

Babord, C'est le côté gauche du Navire lors qu'on regarde le Cap.

Balises, sont les conduites & marques pour les passages.

Bande, C'est mettre un Vaisseau sur le côté comme en carenne, on dit aussi bande le côté du Vaisseau, comme qui diroit deux par bande, c'est à dire deux de chaque côté.

Barat, C'est à dire tromper, un barateur, c'est un trompeur.

Barque, C'est un mediocre Vaisseau pour les Voitures sans Hune.

Barots, Sont ces bois croisez qui soutiennent les Hunes.

Bas de soys, Sont des fers pour mettre aux pieds d'un malfaicteur.

Baux, Sont des poutres qui tiennent le Tillac.

Baupré, C'est le mas couché sur le devant ou épron du Vaisseau.

Berches, Sont de petits Canons.

Bidon, C'est un vaisseau où on met la boison de ceux qui mangent en un même plat.

Biscuit, C'est le pain du Vaisseau, c'est à dire deux fois cuit, parce que bis est à dire deux fois cuit.

Bites, Sont deux pieces de bois pour tourner le cable.

Bloc ou tête de More, C'est une piece bois où on ente la tête d'un Mas au bout de l'autre.

Bomerie, C'est un Contrat à grosse avanture sur la quille du Navire.

Bonneau Hourin & Aloigne, C'est une piece de bois qui montre où est l'Ancre

Bonnettes, Sont de petites Voilles pour boutonner ou attacher aux grandes Voilles descendāt jusques sur le vibord.

Bonnettes en Estuy, Sont certaines Voilles qu'on met par fois au bout de la grand Vergue, à côté de la grand Voille lors qu'on est chassé ou qu'on chasse sur l'ennemy. En Normandie on les nomme Misaines en Estuy.

Bordage, Sont des planches qui couvrent par dehors la Carcasse du Navire: Celles qui sont proches de la quille se nomment Gabords.

Bordée, lors qu'on dit envoyer la bordée à l'ennemy, c'est luy tirer tous les canons qui sont au côté du Vaisseau.

Bosse, C'est amarer l'Ancre contre le bord du Vaisseau.

Boucle Mettre sous boucle, C'est tenir en prison.

Boudinures, Sont les cordes qui entourent l'anneau de l'Ancre.

Boüée, Sont des paniers qu'on se sert

pour connoître où est moüillé l'Ancre.

Bouge, C'est le boüge ou rondeur des Tillacs.

Boulines, Sont des cordes amarrées à chaque bord d'une Voille vers le milieu pour luy faire prendre le vent de bouline ou de côté. Ce mot signifie aussi la Voille qu'on met en biais au Vaisseau pour aller à la bouline.

Bousole, C'est le Compas où est la rose aymentée pour la guide du Navire.

Braye, C'est un cuir ou une toille gaudronnée qu'on met au pied d'un Mas pres du Tillac, pour empêcher que l'eau qui tombe du long ne le pourrisse, on en met aussi à l'ouverture du gouvernail.

Bras, Sont des cordages qui servent à croiser les vergues, & les faire aller d'un côté & d'autre, chacune vergue à ses bras pariculiers.

Brayer ou spalmer, C'est oindre le Navire de Gaudron & de Suif, on dit aussi suiver quand on y met le Suif.

Brevet ou Connoissement, Est un écrit sous seing privé pour Marchandise particuliere ou passagere qui en donne la connoissance.

Brueils, Martinets & Garcettes, Sont de petits

petits cordages dont on se sert pour bruieiller, ferler, ou plier les Voilles.

Brigantin, Et un petit Vaisseau de cource armé en guerre.

Brisans, Sont des Rochers à 2. 3. ou 4. brasses d'eau cachez dessous qu'on ne voit point, & où le Vaisseau passaut dessus se brisent.

Brinbale ou Bringuebale, C'est le long bâton qui est dans la Pompe, afin de tirer l'eau, & chacun sault qu'on fait pour jetter l'eau, est dit une bâtonnée.

Bouchin, Est le lieu où se met la maîtresse côte, qui donne la plus grande largeur au Navire.

Butin, C'est à dire la dépoüille du Vaisseau qu'on a pris, comme coffre, argent hardes & autres choses.

C*Abestan*, C'est le tour avec ses barres & Cables pour lever les Ancres gros fardeaux & autres choses pesantes.

Cable, C'est le plus gros cordage d'un Vaisseau.

Cage, *Gabie ou Hune*, C'est ce que nous voyons au haut du Mas en forme de cage où sont attachez les haubans.

Caller, Signifie abbaiſſer, bailler la calle, c'eſt un homme attaché à un cordage au bout de la grande Vergue que l'on plonge dans l'eau pour quelque crime qu'il a commis.

Calfater ou *Calfeutrer*, C'eſt garnir les fentes d'un Vaiſſeau de Chanvre & Gaudron pour l'empêcher de prendre l'eau

Calfat, C'eſt celuy qui calfeutre.

Calfatin, C'eſt ſon Vallet.

Calibre, C'eſt le diametre de la bouche d'un Canon.

Calingue ou Carlingue, C'eſt une piece de bois tout du long du Vaiſſeau, ſur la Quille & ſur les Varangues oppoſée à la Quille, ſur laquelle elle eſt clampée. On l'appelle auſſi contre-Quille, il y a un trou quarré en cette Carlingue où on enchaſſe le pied du Mas.

Calaubans de Hune, Sont des cordages qui deſcendent depuis le haut bout du grand Mas de Hune juſques au Tillac, un à Bord l'autre à Eſtribord, il y en a de ſemblables au grand Perroquet.

Canade chez les Porturais, C'eſt la meſure du Vin ou boiſſon qu'on baille par jour à chacun de l'Equipage, il y en a trois cens à la Pipe.

Cap, C'est une pointe de terre ou Rocher avancé en Mer, l'Epron ou devant d'un Vaisseau se nomme aussi Cap.

Cap, Faire cap à la Flotte le Capitaine conducteur d'une Flotte est obligé d'aller devant, c'est luy qui fait cap à la Flotte.

Cap, Mettre le cap au vent, C'est dresser la Proüe d'un Vaisseau du côté d'où vient le vent.

Cap, un Capitaine demandera à un Pilote où est le Cap, C'est à dire à quel rumb il est.

Cape mettre à la Cape, Signifie mettre le côté du Navire au vent, & porter la grand Voille au lict du vent s'il se peut, mettant le Gouvernail sous le vent & le faisant parallele à la grand Voille.

Capion de Proüe, C'est une courbe de Charpente qui s'ente au bout de la Quille & monte en haut pour former la Proüe du Navire, elle est de deux pieces, l'une s'apelle le Brion & l'autre l'Estable ou Estrave.

Caps de mouton, Sont des pieces de bois en Ovalle ferrées à l'entour, les unes sont affichées à certaines barres de fer au droit des Escoutards, & par ces barres de fer au corps du Navire, les autres tiennent aux Aubans.

Caliorne, C'est un gros Funin ou cordage amarré sous les Hunes du grand Mas de borcet, sur lequel il y a une grande poulie par laquelle passe un Funin avec une poulie, on s'en sert pour élever les plus grands fardeaux.

Candellette; C'est une espece de Palan, duquel on se sert pour baisser l'Ancre du Navire & pour la remettre en son lieu.

Carcasse ou Coffre du Navire, C'est le commencement du Vaisseau qui semble la Carcasse côtes ou Coffre d'un Animal.

Caravane, C'est une course que de nouveaux Chevaliers de Malte font en Mer pour leur apprentissage.

Carenne, Toute la partie du Vaisseau qui se baigne dans l'eau, c'est la Carenne.

Carenne, Mettre le Vaisseau en Carenne, C'est pancher un Vaisseau sur le côté pour voir toute la Carenne afin de luy donner le radoub qu'il a besoin.

Cargues, Sont de petits cordages pour ferler & deferler les Voilles.

Cargue le borset ou ferle le borset C'est à dire trousse ou ploye la Voille de Borset, le mot de Cargue signifie aussi en quelques endroits a : .ste, Cargue C'est aussi à dire déploye.

Civadiere, C'est la Voille du Mast de Beaupré,

Cartouche, C'est une invention de laquelle on se sert pour promptement charger le Canon, cela est fait de toille ou de Parchemin, ou de gros papier, rollé à la grosseur du calibre du Canon, on y met la charge de poudre dedans, on y met aprés une plâte forme, & cent mille choses en suite comme bâles de Mousquets, têtes clous & telles autres choses, & ouvrant le bout où est la poudre on pousse avec le foûloüer le tout dans le Canon pour tirer promptement, & faire de prés beaucoup d'effet.

Charte-partie, C'est la lettre de Facture ou le Contrat de carguaison, par lesquels le Capitaine & tous ceux de l'équipage confessent avoir reçû le Navire en bon état & bien munitionné pour faire le voyage.

Chasteau devant, ou Chasteau derriere,

ou bien Gaillard devant Gaillard derriere; C'eſt ce qui eſt élevé au devant & au derriere du Vaiſſeau, & où il y a des baluſtres.
Chambre du Capitaine, C'eſt la plus belle au derriere du Vaiſſeau, ſur celle du Capitaine, il y en a une pour le Maître ou Pilote.
Chaſſer ſur quelqu'un, C'eſt le pourſuivre comme ennemy.
Chaſſer ſur l'Ancre, C'eſt lors que la tempête pouſſe avec violence le Navire à la côte, ayant fait perdre la priſe à l'Ancre.
Chauſſes, ſelon Fournier ſignifie en quelques lieux ſans qu'il le nomme un pot de Vin ou un preſent donné par le Marchand au Maître.
Chaintes, ſont des bandes de bois épeſſes qui environnent le Navire pour affermir les Tillacs & pour monter dans le Vaiſſeau, cela eſt par le dehors & où on met les pieds.
Chiourme, C'eſt le lieu dans une Galére où les Forçats tirent à l'aviron, & la bande de la Galére depuis la Prouë juſques à la Poupe où on marche deſſus.
Chappelle quand on dit qu'un Vaiſſeau fait Chappelle C'eſt lors qu'on eſt trop prés

du vent, on fait un tour pour prendre le vent à meilleur gré.

Chappelle, C'est le petit chapeau qui est sur la Rose du compas Marin.

Cinglage que les Matelots disent aussi Sillage, C'est la roûte que suit le Vaisseau.

Clapets, sont des piéces de cuir posez au bas de la Pompe du Navire pour attirer l'eau au haut.

Clamps, sont des piéces de bois liées sur un Mât, ou sur une Vergue pour tenir ferme.

Clefs, sont des chevilles quarrées qui passent par le pied du Mât de Hune pour l'arrêter sur les barrots, il y en a qui ne se servent que de coings de bois, on en fait autant aux Perroquets.

Connoissement, C'est un écrit par lequel le Maître du Navire connoît avoir chargé des Marchandises dans son Bord.

Collier de l'Eté, C'est un gros cordage garny d'autres petits qui sont joints à la fin de l'Eté, & qui entournent le pied d'un autre Mast.

Compas marin, C'est la Boussole pour guider le Vaisseau.

Congé, C'est la permission de Naviguer; le Roy à ses Sujets, c'est Passeport; aux amis, ſeureté; aux ennemis, ſauf cõduit.

Contrebande ou marchandiſe de contrebande, C'eſt les Marchandiſes ou autre choſe que le Roy déffend d'enlever ſans ſon Congé.

Côte de la Mer, c'eſt la terre qui la borne.

Coüets, ſont des cordeaux qui ſervent à amener les Voilles vers le vent.

Contre-maiſtre, C'eſt celuy qui commande ſur l'avan du Vaiſſeau, il y en a qui l'appellent ſecond Maître,

Contre-quille, C'eſt une longue piéce de bois égale à la Quille & opposée, qui luy ſert à tenir les Varangues & les couples en bon état.

Coulée, C'eſt un adouciſſement qui ſe fait au bas du Vaiſſeau entre les genoüils & la Quille, afin que le plat de la Varangue ne paroiſſe pas tant, & que l'eau occupée par la Proüe du Navire gliſſe plus doucement par la Poupe qui va en s'étreſſiſſant inſenſiblement.

Couples, ſont des côtes ou membres d'un Navire, dites ainſi parce que ceux qui s'éloignent également de la principale côte ſont égaux & croiſſent ou décroiſſent couple à couple également.

Coursie, C'est le passage de la Proüe à la poupe, d'une Galére entre les rangs des Forçats.

Coursiere, Pont de coursiere, Pont le-vis ; est couvert dés le Gaillard, jusqu'au Château de Proüe servant pour le combat.

Creux ou pontal d'un Vaisseau, C'est la distance ou la hauteur qui est entre les Bancs & les Varangues.

Creux de la Voille, C'est sa cavité quand le vent y souffle.

Cuirs verds, se sont des cuirs qui ne sont pas préparez.

D

DALOT, C'est un canal qu'on met aux grands Vaisseaux sous le prémier ou le second Tillac pour conduire les Vaisseaux de la Pompe.

Darcine, C'est en la Mer Méditeranée un lieu d'assûrance pour les Galéres, comme un petit Port à couvert pour l'Hyver, dans la grand'Mer, on les appelle Paradis, Chambre ou Bassin.

Drege ou chausses de drege, Ce sont des Instrumens pour pêcher.

Drisse, C'est un cordage amarré au

pied d'un Maſt dont on ſe ſert pour hauſſer ou baiſſer les Vergues.

Dunette, C'eſt le plus haut de la Poupe du Navire, là eſt la Chambre du Maître Pilote qui découvre de loing les Dunes d'où luy vient ce nom.

Droſſe, C'eſt un cordage à l'affuſt du Canon ſur la culaſſe, & tient des deux bouts aux boucles du Sabort.

Déranger la bonnette, C'eſt la déboutonner de la Voille.

E

EBE, C'eſt quand la Mer retourne aprés le plus gros de ſon eau.

Echoüer quand on dit, un Vaiſſeau eſt échoüé, C'eſt à dire qu'il s'eſt jetté (ſoit par la violence du Vent ou de la Mer, ou bien qu'il la voulu faire de peur d'être pris par ſon ennemy) ſur quelque Banc de ſable ou à la côte de la Mer.

Ecoqueure, ou emboîteure ſe fait aux bouts de l'Antenne pour y mettre les bras de grande Voille.

Encornail, C'eſt une demie poulie, qui eſt entaillée dans le milieu de la tête du grand Maſt deſſous la Hune où paſſe une Manœuvre pour hauſſer ou baisser les Mâs de Hune.

Enverguer les Voilles, C'est les faire attacher aux Vergues ou Antennes.

Equipage, sont tous les Officiers, Matelots & garçons, depuis le plus grand jusqu'au moindre.

Epicer une corde, C'est comme appiécer, par ce que c'est la défiler pour la joindre ou appiécer avec un autre.

Ecales, sont des Ports où le Navire aborde dans le Voyage avant que d'arriver au lieu où il a dessein d'aller.

Escore, C'est une Côte à pic au rivage de la Mer, & quand on dit qu'un Navire est en Escorte, c'est à dire qu'il est en un lieu semblable. On dit aussi qu'Escores sont des Etais qui soûtiennent le Navire lors qu'on le fait ou refait.

Escotard, C'est une planche large & épaisse, qui est mise sur l'avant & arriere du Vaisseau aux bords vis-à-vis de chaqun Mast pour éloigner les Aubans; On les appele aussi porte Aubans.

Ecoutes, sont des cordages qui tirent le bout de la Voille vers l'arriere, & servent à tenir le vent dans les Voilles & empêcher qu'il ne les emporte.

Ecoute de Hune, C'eſt le bout de la grande Vergue, ou s'attache le Voille de Hune.

Ecoûtilles, ſont de grands panneaux qui couvrent les ouvertures des Ponts ou Tillacs par leſquelles on décend de grands fardeaux.

Ecouvillon, C'eſt l'ouverture ci-deſſus mie.

Eſcouvillon, C'eſt un refoûloir pour nettoyer & rafraîchir le Canon.

Eſcubiers ou Eſcoubans, ſont de grands trous d'un côté & d'autre de l'avan du Navire, où on paſſe les Cables de l'Ancre, à Marſeille on les appelle Oëils.

Eſcuëils, ſont des Bancs de ſable ou de gravier repreſentez dans les Cartes par de petits points, ou les Vaiſſeaux peuvent s'échoüer & ſe perdre.

Eſpale, C'eſt en Galére le Banc des Eſpaliers ou rameurs proche de la Poupe.

Eſpron, C'eſt comme le Bec du Vaiſſeau qui avance ſous le Beaupré, on l'appelle auſſi pouleine.

Eſpoirs, ſont de petits Fauconneaux où petites piéces de fonte.

Eſtraves, C'eſt la bordûre qui avance au

ce au bout du Vaisseau, depuis la Quille jusqu'à l'Epron pour couper la Vague.

Estague, Est un cordage qui tient aux Drisses, & passe dans le grand Mast sous les roüaux à côté du Mast, Babord & Estribord attachez sous la Hune, & elle empoigne le Mast & par le bout du bas s'amarre au sout de Drisse.

Estable, Estrave, ou Estante que les Marseillois appellent Capion de Proüe, C'est une courbe de charpente qui s'ente au bout de la Quille, & montant en haut forme la Proüe du Navire.

Estambres, ce sont deux grosses piéces de bois qui sont au trou du Tillac par où passe le Mast & le tiennent ferme.

Estambord ou Capion de Poupe, C'est une piéce de bois droite qui s'ente au bout de la Quille en penchant pour bâtir la Poupe du Vaisseau, & où on attache le Gouvernail.

Estambraye, C'est une toille Goudronnée qu'on met tout autour du Mast sur le plus haut Tillac, de peur que l'eau ne pourrisse le Mast.

Estay, C'est le plus gros cordage de toute les Manœuvres qui est lié au au haut du Mast sous la Hune, & va se rendre au pied de l'autre Mast qui est devant luy, il sert pour affermir son Mast & soûtenir les autres Manœuvres. Tous les Masts en ont des uns aux autres.

Estime, C'est un jugement que fait un Pilote de la quantité des lieuës qu'a fait son Vaisseau & du lieu où il est.

Estribord, C'est le côté droit du Navire lors qu'on regarde la Proüe étant vers la Poupe.

Etrope ou herse de poulie, C'est une corde qui saisit une poulie & la tient ferme en quelque lieu

F.

F*ALAISES*, sont des Roches ou des terres élevées sur le bord de la Mer.

Falouques, C'est un Vaisseau de bas bord à cinq ou six rames de chacune bande, & c'est le moindre de tous les Vaisseaux à la rame.

Fanal, C'est une grande Lanterne où on allume un ou plusieurs flambeaux sur l'arriére du Vaisseau Amiral pour

Signal de la roûte que doivent suivre ceux de la Flôte il y a des Vaisseaux qui en portent trois, & c'est l'Admiral, le Vice-Amiral d'eux, & les autres Navires de Guerre une.

Fare, C'est une grosse Lanterne avec un flambeau dedans, posé sur une Tour aux Ports de Mer ou lieux dangereux afin de dresser les Vaisseaux arrivans de nuit, comme il y en avoit à la Tour de la Lanterne à la Rochelle, & à celle de Cordan proche Royan.

Ferler, signifie ployer ou serrer, déferler, déployer ou laisser aller, on dit ferler les Voilles & déferler les Voilles.

Filets de Merlin, servent à ferler les Voilles dans les Marticles, & ferler d'autres Voilles si on en a besoin.

Flux de la Mer, est le décendant de l'eau qui commence précisément aprés la plaine Mer qu'on appelle *Ebe*.

Figures ou Enflêchûres, Ce sont des cordes qui traversent les Aubans qui font des Echelles pour monter à la Hune.

Ferze de Cotonnine, C'est une largeur de toille pour faire les Voilles. Ce terme est usité sur la Mer Méditerannée.

Flot, C'est le commencement de

la Marée, & dure jusqu'à ce que la Mer soit au plain. Quand on dit un Vaisseau est à flot, c'est qu'il est libre sur l'eau.

Flôte, C'est un nombre de Navires qui vont en compagnie sur Mer.

Fonds de Cale, C'est le fond d'un Vaisseau.

Fosse à Lion, C'est une Chambre entre les Mâts de Mizaine & les Bites, où loge le Contre-Maître avec ses gens, là sont les poulies & autres choses qu'il a en sa charge.

Foüênes, ce sont des Instrumens pour pêcher, qui sont des fers à quatre ou cinq picquans amanchez au bout d'un grand bâton sur les Riviéres, on appelle cela Salut.

Fourbers, sont de gros bâtons, au bout desquels il y a de la toille ou du cordage épicé qu'on trempe en Mer pour nétoyer le Vaisseau,

Fourgs ou Sanglons, sont des piéces de bois en Triangle qui se posent sur le tiers de la Quille vers l'arriere au lieu de Varangue.

Foyer ou Fougon, C'est le lieu où on fait le feu dans le Navire.

Fregate,

Fregate, C'est un petit Vaisseau armé en Guerre, qui va à rame & à Voille, il est propre pour découvrir & porter des nouvelles.

Frez, signifie Vent, & quand on dit bon Frez, c'est à dire bon Vent. A Fresche à Fresche c'est à dire Vente Vente &c.

Frisons, sont des Vaisseaux à mettre de la Boisson.

Fret ou fréter le Navire, C'est le charger.

Funin, C'est un Cordage, & Funes c'est ordinairement ce qui sert aux Voilles pour les vîrer.

G

GABARI, C'est le Modelle des couples ou membres d'un Vaiss.

Gabarres, sont des Vaisseaux de service pour charger ou décharger les grands Vaisseaux,

Gabi à Marseille, C'est l'Arbre de Hune, & Gabie signifie la Hune.

Gabords, sont les planches du bordage les plus proches de la Quille.

Gaburons, sont des piéces de bois qu'on attache au grand Mast pour le fortifier quand il n'a pas sa grosseur, ou en quelque lieu où il est foible.

Gaffes, ſont des Inſtrumens pour pêcher

Gaillard, C'eſt le Château de Poupe & le lieu de défence qui eſt relevé ſur la Poupe du Vaiſſeau pour le Combat de Mer.

Galands, ſont eſpeces d'Aubans des Mâs de Hune ou de Perroquet qui décendent juſques ſur le bord du Navire, on les appelle auſſi Galobans.

Galoches, ſont deux trous dans les écoutilles ou paſſent les Cables.

Gamelles, ſont des Plats de bois à mettre la Pitance.

Garant, C'eſt le bout d'un cordage, comme Diſſas ou des Palans ſur laquelle à force d'hommes on hauſſe ou baiſſe quelque poids.

Gardes côtes, ſont des Vaiſſeaux de 4. à 500. Tonneaux, pour empêcher la courſe des Corſaires, autrement Voleurs.

Gardionnerye, C'eſt la Chambre des Canonniers deſſus la Soûte & ſous la Chambre du Capitaine, ce qu'on appelle Sainte Barbe, parce qu'elle eſt Patronne des Canonniers.

Garcettes, ſont de petits cordages pour trouſſer les Voilles, & ſervent encor à tortiller & couvrir les cordages pour les conserver. Ces Garcettes s'appellent aussi coüillards.

Gemelles & Gaburons que nous avons cy-devant dit, est une même chose.

Gemelle, C'est un Mast racommodé de piéces de bois comme il est dit à Gemelles, on l'appelle autrement Mast afusté.

Genoüil, C'est un certain courbe qui fait la principale partie de la côte d'un Vaisseau.

Gindant, C'est la hauteur de la Voille.

Giser en Rade, C'est un Vaisseau qui est à l'Ancre en un lieu estimé de seureté

Grapins, sont des Ancres qui ont 4. ou 6. pates, on les appelle aussi Arpeaux.

Grand temps ou gros temps, C'est un temps fâcheux, ou la Mer est grosse, les Vens impétueux : C'est à proprement parler la Tempête.

Gouverneur, C'est celuy qui tient la barre du Gouvernail.

Guerlin ou Gableau, C'est un petit cable pour tenir le Navire, ou pour porter un Ancre de Toüe à quartier, afin de dégager le Navire qui aura été poussé par le vent sur la côte.

Guinder, C'est élever en haut.

Action de Guindage, C'est comme un procez qui se fait entre les Compagnons du Navire qui aident à la décharge lors qu'ils ne sont pas contans les uns des autres.

H

HABITACLE *ou Gésole*, sont trois niches ou armoires au pied du Mât d'Artimon; en l'une est la lumiére, en l'autre le Compas marin, & & en la troisiéme l'Horloge de sable.

Hanciére, C'est un cordage avec lequel les Matelots hâlent pour faire entrer ou sortir le Vaiss. hors d'un Havre; c'est aussi le Cable du plus petit Ancre; c'est encore un cordage qu'on jette aux Chalouppes pour amarrer. A la Hanciére il y a aussi une sangle ou cordage attaché, que ceux qui hâlent se mettent en écharpe pour hâler.

Harpons, s'entẽdent de deux façons l'un est pour jetter sur un poisson qu'on veut prendre, l'autre se met au bout des Vergues, il est fait en forme d'S pour couper à l'abord les cordages de l'ennemi. A Diépe on l'appelle des serpes.

Hassegaye, C'est un coutelas que le Capitaine tient en la main au bras retroussé pendant le combat.

Havre de barre ou de marée, C'est un Port où on ne peut entrer que de haute mer, comme en la Chaîne à la Rochelle.

Hisser, C'est à dire hausser.

Hisse, C'est à dire hausse.

Havre d'entrée, C'est un Port pour entrer en tout temps.

Heurt, C'est quand deux Vaisseaux se touchent & se fracassent.

Haûle, C'est une vague de la mer.

Hourdi ou l'Isse de Hourdi, C'est le dernier des baux de la Pouppe qui se met à plomb sur l'Estambord.

Hune, C'est ce rond en forme de cage ou de pannier qui se met à chaque brisure des Mâs, sur la mer Méditeranée, on l'appelle Gabuë.

Hurer, C'est de grand temps, croiser les grands Vergues avec le Mât en amenãt l'un des bouts jusques sur le vibord

I

IAR, C'est une mesure de quarante pintes d'Huîle.

Ias, C'eſt l'eſſieu de bois d'un Ancre.
Iſſer, C'eſt élever les Vergues ou autre choſe en haut.
Itacle, C'eſt un cordage qui ſaiſit la Voille par le milieu, & va paſſer par l'encornail pour guinder les Voilles.
Iuſan, C'eſt quand la mer a perdu, & qu'on peut encore voguer, & il eſt preſque baſſe mer.

L

L*AMANEVRS ou Lomans*, ſont des Pilotes des Havres ou Riviéres qu'on prend pour être conducteurs du Navire en la Rade ou dans le Havre pour éviter le péril.
L'Eſt, C'eſt les cailloux, pierres & autres choſes qu'on jette dans le Vaiſſeau pour faire ſon contrepoids.
Linguet, C'eſt une piéce de bois attachée ſur le Tillac d'un Vaiſſeau pour arrêter le Cabeſtan de peur qu'il ne dévire.
Lignes, ſont de grands cordeaux pour la ſonde.
L'Of proprement, C'eſt la partie d'un Vaiſſ. qui eſt depuis le Mât juſqu'à l'un des bords. *Boutter à l'Of*, C'eſt mettre les Voilles comme en écharpe pour pren-

dre le vent de côté. *Estre à l'Of*, signifie avoir le dessus du vent sur un autre.

Locquets, sont des barres pour fermer les Ecoutilles, les Cabannes & autres choses.

Lot, C'est la partie & portion que châque homme doit avoir.

Lovier, C'est voguer quelque temps d'un côté, puis virer le Navire, & aller autant de l'autre, pour ne pas s'éloigner de quelque lieu, ou pour prendre le vent.

Lumiére, C'est un Canal tout le long de la Quille du Vaisseau sous les Varangues & Fourgs par lequel l'eau qui entre dans le Vaisseau, se rend à la Pompe.

M

MACHEMOVRE, C'est des restes & miéres de biscuit.

Maître-valet, C'est le Dépencier général du Navire.

Manœuvre, C'est un nom général qui signifie tous les cordages qui servent à un Navire & autres ustanciles, fors les Cables & Hanciéres.

Marchandises de contrebande, sont celles qui sont défenduës d'enlever.

Marticles, sont de petits cordages qui embrassent les Voilles quand on les veut ferler.

Mât, Il y en a quatre dans un Vaisseau; le plus beau, gros & grand s'appelle le grand Mât; celuy qui est devant, s'appelle le Mât d'avant ou Mât de Misaine ou Borcet, quelques-uns l'appellent Trinquet aux petits Vaisseaux : Le Beaupré est un Mât qui est couché sur l'épron de la Prouë; puis le Mât d'Artimon ou Mât de Foûle qui est droit sur la Poupe; par fois il y a un Contremisaine ou petit Artimon qui est encore plus en arriére, chacun de ces Mâs se brise en 2. ou en trois, la premiére brisûre s'appelle Mât de Hune, la seconde Mât de Perroquet, & ainsi il peut y en avoir trois en un; si un Mât est renforcé ou surlié, s'il est enté par haut, on le nomme Mât asûté; les petits Mâs qui se posent sur le Beaupré & sur l'Artimon, ne s'appellent pas Mât de Hune, d'Artimon ou de Beaupré, quoiqu'ils ayent des Hunes; mais Perroquet d'Artimō ou de beaupré. Notez que les Navires communs ont ordinairement quatre Mâs: mais les Galions & les plus grãds Vaisseaux

Vaisseaux ont double Artimon qui fait cinq Mâs.

Mathelot, signifie proprement tout homme qui fait Profession de hanter la mer.

Mêche, C'est un gros tronc d'arbre sur lequel on ente quatre ou cinq sapins pour composer un gros Mât.

Miroir du Navire, C'est le lieu au derriére où on peint l'Image du Patron duquel il porte le nom

Mitraille, C'est toute sorte de vieux cloux & autre féraille pour charger les perriers.

Morte-eau, C'est la plus basse marée, elle est d'ordinaire le 7. & le 22. de la Lune.

Mouiller l'Ancre, C'est à dire le jetter en mer.

N

NAVIRE, Est un grand Vaisseau équipé de toutes manœuvres; l'Italien l'appelle *Nave*, & l'Espagnol *Nao*.

Nord, C'est le Septentrion.

O

OCCEAN, C'est ce grand amâs d'eaux qui environe toute la terre.

Oreille d'Ancre, C'est la largeur de la patte.

Oeuvre de marée, C'est le radoud ou calfat qui se donne au fond du Vaisseau échoüé sur les vases pendant que la marée est basse.

Oüest, C'est le côté de l'Occident.

P

PACFIS *ou pasi*, C'est la grand Voille du grand Mât ou du Mât de Borcet, nommant l'un le grand Pacfis & l'autre Pacfis de Borcet.

Pages, sont les petits garçons du Navire pour le nettoyer, monter aux Perroquets & servir aux Mathelots.

Palans, sont des cordages attachez à l'Esté ou au tiers de la grande Vergue, dont on se sert pour enlever les fardeaux en quelques lieux, les Palans sont attachez sous le bloc d'Issas.

Panaux, sont de couvercles qui bouchent, couvrent & ferment ler Ecoutilles.

Patte d'Ancre, C'est sa pointe.

Pantochéres, sont des cordages qui traversent les Aubans d'un bord à l'autre, afin que si le Vaisseau rolle en un grand temps, les Aubans dudit bord soutiennent ceux de l'autre bord, & que l'un roidiſſe l'autre qui ſe lâche du côté que tombe le Vaiſſeau, en pluſieurs lieux on les nomme *Ride des Aubans.*

Palanguines, ſont des cordages qui ſoûtiennent les Vergues par les deux quartiers pour les défendre contre les coups de vent.

Panne mettre un Vaiſſeau en Panne, C'eſt le mettre ſur le côté avec les Voilles pour luy bailler quelque radoub, mais cela ſe fait du côté du vent.

Parcloſes, ſont deux piéces de ſerrage qui joignent la Salingue de part & d'autre.

Patache, C'eſt un Vaiſſeau pour ſervir les grands Navires, & pour aller à la découverte de l'ennemi.

Pavillon, C'eſt un étandart poſé ſur le haut du Mât, qui par ſa couleur & ſes figures donne à connoître d'où il eſt.

Palardeaux, ſont des piéces de planches couvertes de bourre & de gaudron qui ſervent à boucher promptement les trous qu'un coup de Canon auroit fait dans un Vaiſſeau ; mais les placques de plomb ſont meilleures.

Pavois, quelques-uns diſent *Paviers* ;

C'est la beauté de tapisserie qui entoure tout le Vaisseau & les Hunes, on pose cela les Fétes & Dimanches pour ornement du Vaisseau, & sert encore au combat pour empêcher qu'on ne voye ce qu'on fait sur le pont.

Perroquet, C'est l'arbre ou Mât de la seconde Hune de quelque Mât, on l'appelle en Provence *Papasique*.

Percintes, sont les ceintures & rebords dessus & dessous les sabords, le long du dehors du Vaisseau, où les Mathelots montent & décendent.

Pênes, sont des bouchons de chanvre, cotton ou autre matiére attachez au bout d'un bâton pour gaudronner ou suîver un Vaisseau, le Manche s'appelle le bâton à Vadel.

Phlibots, sont des Vaisseaux Flamans, qui ont le bord arrondi sans écarissure.

Pillage, C'est la dépoüille des coffres & autres choses de l'ennemi.

Pilote, C'est celuy qui commande à la roûte.

Pinasse, C'est un petit Vaisseau étroit & long, fort leger pour faire des courses & décentes, il va à la Voille & à la Rame.

Pompes,

Pompes, ſont des Canaux poſez aux Navires, l'une Babord, l'autre Eſtribord du grand Mât pour tirer l'eau de la Sentine & fond de cale.

Pont de Caillebote, C'eſt le premier Pont à quarreaux ou treillis pour évaporer la fumée du Canon.

Point d'une Voille, C'eſt la pointe d'enbas où eſt attaché l'Ecoûte.

Pont, C'eſt le Tillac, on dit le premiér Pont, le ſecond Pont, &c. Puis on dit être entre deux Ponts ; c'eſt à dire entre deux Tillacs : on dit Pont de treillis, Pont de corde, cela eſt ouvert par carreaux, & cela ſert pour voir l'Ennemi, & faire quelque éfet par le deſſous, il évapore auſſi la fumée de l'Artillerie.

Paumelle, C'eſt une groſſe peau forte que les Voilliers ont en la paume de la maïn pour pouſſer l'aiguille en couſant les Voilles.

Portage, C'eſt le poids que chacun peut mettre dans le Vaiſſ. pour ſon ſervice.

Pouger, C'eſt que lors qu'il fait grand temps ayant le Vent derriére on ne porte que le Borcet, ou quelqu'autre moindre Voille.

Proüe, C'est le devant & pointe d'un Vaisseau.

Paulaine ou Bouline, est une grosse piéce de bois appellée à Marseille une Serpe, qui est sur l'avant du Navire sous le Beaupré.

Q.

QUART, est le temps que les Mariniers sont en faction, les François le font de trois heures, les Anglois de quatre, & les Turcs de cinq.

Quarantenaire, ou corde de cé même nom, servent à radouber les autres, & servir à tout dans le Vaisseau.

Quarguaison, C'est la facture des Marchandises chargées dans le Vaisseau.

Quarriers Maîtres, *Quarteniers ou Compagnon de quartier*, ce sont quatre Officiers qui commandent au travail de l'Equipage.

Querrat, C'est la partie de derriére du Vaisseau entre la Quille & la premiére chainte.

Quête, C'est l'élancement que fait l'érable & l'estambor hors la Quille & corps du Navire,

Quille ou Carenne, C'est une piéce de bois au fond du Navire & tout du long, qui est comme son fondement.

Quille de Pont, En quelques lieux c'est une longue piéce de bois qui soûtient le Pont.

Quintal, C'est un poids de cent livres.

R

RABANS, sont de petites cordes pour lier & ferler les Voilles, les pages ou garçons les portent à leur ceinture ; ce sont deux cordons qui servent pour toutes sortes de manœuvres ils doivent en avoir toûjours de prêt à peine du foüet.

Rablûre, C'est une canelûre qu'on fait tout au long de la Quille, dans laquelle commence les premiéres planches ou gabords du bordage.

Radoub & calfat, C'est remplir d'étoupe ou mousse les fentes du Vaisseau ; il signifie aussi tout l'accommodement du Vaisseau.

Ramer, C'est faire aller un Vaisseau avec de grandes piéces de bois de dix, douze ou quinze pieds arrondis par le bout qui est dans le Vaisseau & plats à l'autre qui se met à l'eau, ce qu'on appelle Rame ou Aviron.

Ration, C'est la mesure du biscuit,

pitance & boiſſon, qui ſe diſtribuë à chacun dans le Bord ; à Diépe on l'appelle l'ordinaire.

Racques ou racquages, ſont des boûles de bois, on en enfile comme un chapelet qu'on met au tour du Mát & à la Vergue pour la monter ou hiſſer plus facilement, & ce chapelet ſe nomme *la Troſſe*.

Rade, C'eſt un lieu propre en mer à ancrer.

Reflûs de la mer, C'eſt lors que la marée vient.

Refoûloir, C'eſt un appareil de Canon pour battre la poudre quand on charge la piéce de Canon.

Repoux de fer, ſont des chevilles de fer pour repouſſer d'autres chevilles caſſées.

Remorguer, C'eſt tirer un Vaiſſeau aprés ſoy.

Ribodage, C'eſt quand un Navire a été offencé par un autre, étans tous deux en flôte, ou changeant de place au Quay quand l'action en eſt intentée, le dommage ſe paye par moitié.

Rides, ſont de petits & médiocres cordages qui paſſent par diverſes poulies,

& servent à roidir les plus gros cordages, donc *rider*, c'est tenir ferme.

Rider, C'est lier bien serré ou faire roidir un cordage.

Reclamper un Mât rompu ou Antenne, C'est le racommoder.

Represaille, sont des lettres du Roy.

Ruche, C'est un corps de Vaisseau tout nud, qui n'a ni Mât ni Cordage.

S

SABORDS, sont les fenêtres ou embrasures où sort la bouche du Canon.

Serv', C'est l'extrémité de la Varangue qui se courbe pour s'enter avec le genoüil.

Sentine, C'est l'eau puante qui est au fond du Vaisseau le long de la Quille, & qu'on vuide par la Pompe.

Seine. C'est un Rêt pour pécher.

Serpes, sont des Harpons.

Sept de Drisse, C'est une piéce de bois au pied du grand Mât, dans laquelle sont deux roüets de poulie où passe la Drisse, avec laquelle on hâle la grand Vergue, on la nomme aussi *Bloc Dissas*.

Sillage ou Singlage d'un Vaisseau, C'est le nombre de lieuës qu'il fait sur sa roûte.

Sivadiére, C'est la Voille du Beaupré.

Sainte Barbe, C'est une Chambre sous celle du Capitaine où on loge les Canonniers avec leurs Artifices.

Soûte, *Sote ou Paillo*, C'est le Cabinet où on met le Biscuit.

Syrtes, sont des sables mouvans & dangereux.

T.

TALINGUER *le Cable*, C'est passer le Cable par l'anneau de l'Ancre bien garni, & le mettre sur le bord.

Talon, C'est l'extrémité de la Quille sur laquelle est posé l'Estambord.

Tanqueurs, sont des Gabarriers qui portent à Bord les Marchandises, & du Bord à terre.

Taquet, C'est une cheville de bois à deux branches cloüée par le milieu sur le bord d'un Vaisseau pour y amarrer quelque Manœuvre.

Tenir le Largue, C'est se servir de tous Vens depuis le Vent de côté jusques au Vent derriére d'un bord & d'autre.

Temps grand ou temps gros, C'est un fâcheux temps en Mer.

Temps fin, C'est lors que le Ciel est net.

Tête de More, C'est une grosse piéce de

bois au haut d'un Mât, où on ente un autre Mât.

Tienbord, C'eſt le côté du Navire à la droite de celuy qui regarde le Cap du Vaiſſeau, on l'appelle *Stribord*.

Tillacs, ſont les planchers du Vaiſſeau, on les dit auſſi *Ponts*.

Tire ſoing, cela eſt au Canon comme à un Mouſquet un *Tire-Bourre*.

Tonneau, C'eſt le poids de 2000 livres, de 16 onces la livre: & quand on dit un Vaiſſeau eſt de 200 Tonneaux, c'eſt à dire qu'il porte 200 fois 2000 livres.

Traîneau, ſont des Rêts pour pêcher.

Treviers, ſont ceux qui font les Voilles, ils ont changé depuis peu, ils veulent être appellez Voilliers.

Trinquet, C'eſt la Voille du Borcet ſur la Méditeranée.

Triſſes, ſont des cordages pour avancer, reculer ou amarer le Canon.

Troſſes, ſont des boulles comme il eſt dit aux Raques.

V.

VARANGUES ou *Madiers*, ſont des piéces de bois entées les unes dans les autres, elles ſont petites, & ſont poſées comme des côtes entre la quille

& la Calingue.

Vareck, C'eſt tout ce que la Mer pouſſe à bord par la Tourmente ou fortune de Mer.

Vent, C'eſt celuy qui pouſſe le Vaiſſeau; & paſſer au deſſous du Vent, c'eſt rendre reſpect à un Vaiſſeau, il eſt ſalüé du Canon par ſoûmiſſion.

Vergue & Antenne, C'eſt la même choſe.

Vergue de Beille, ſont des Vergues en repos, en cas que quelques unes rompent pour être en leur place.

Vibord, C'eſt la derniere liſſe qui ſe met ſur le bout des alonges.

Vif de l'eau, C'eſt lors que les Marées ſont les plus hautes, ce qui arrive deux fois le mois à la Nouvelle & Plaine Lune.

Vîrer, C'eſt à dire tourner.

Vîreüeau ou Guindeau, C'eſt un gros Eſſieu de bois, dont ſes bouts ſont appuyez aux deux bords du Navire qu'on tourne à force de leviers pour lever l'Ancre

Voguer, ſur la Méditeranée, c'eſt à dire Ramer.

Vogavant ſur la même Mer, C'eſt celuy des Eſpaliers qui tient la queuë de chaque

que rang, & qui donne le branle à la rame & aux rameurs ses compagnons.

Voilles, sont plusieurs largeurs de toile coussuës ensemble, tenduës aux Antennes des Navires pour recevoir le Vent necessaire pour pousser le Vaisseau, elles ont differens noms selon les Mâs où elles servent, & portent leurs noms comme le grand Pacfis, c'est la Voille du grand Mât; celle au dessus, c'est la Voille du grand Hunier; & l'autre plus haute, c'est la Voille du grand Perroquet, & ainsi des autres.

Voilles ferlées, sont des Voilles ployées.

Voille Latine ou oreille de liévre, sont des Voilles en Triangles.

Volte prendre telle volte, C'est le même que qui diroit prendre quelque roûte ou tourner & virer diversement un Vaisseau pour le dresser au Combat.

Y.

YEUX *de Bœuf*, sont deux trous par lesquels passe l'Itacle du Beaupré.

Yeux de Pic, sont les trous qui sont au bas de la grande Voille pour y boutonner les bonnettes.

LIVRÉES OU COULEURS DES Pavillons ou Banniéres pour la connoissance ou instruction de chaque Nation qui met des Navires en Mer.

LES François portent le Pavillon blanc, & quand l'Amiral veut assembler son Conseil il déploye une Banderolle blanche en Poupe.

Le Pavillon de Combat, est rouge sémé de Fleurs de Lis.

La Croix rouge étoit autrefois la Livrée des Saints Péres, les Anglois l'ont prise & la portent sur le blanc, c'est aussi les livrées des Templiers & Chevaliers,

La Croix blanche sur le rouge, C'est les Livrées de la Guyenne, les Danemarquois & Savoyards la portent aussi.

La Croix jaune sur le bleu, C'est la Suéde.

La Croix blanche sur le bleu, C'est de Bretagne.

La Croix jaune petencée sur le blanc, C'est de Jerusalem.

Des bandes blanches descendans avec des bandes rouges & bleuës & une Croix noire, sont pour des Portugais.

Les Chevaliers de Saint Iean de Ierusalem, ou de Malte portent la Croix octogône. C'est à dire à 8 pointes blanches sur le rouge.

La Croix de Saint André bâtonnée rouge sur du blanc, C'est de la Bourgogne, les Castillans l'ont aussi prise, & ils portent encore des bandes rouges jaunes & bleuës.

L'Ecosse, porte une Croix en sautoir blanche sur du rouge ou sur du bleu, quelque fois elle porte rouge, jaune & verd, & la Croix en un des coins.

Les Normans, portent l'Echiquier blanc & noir.

Les Poitevins, les Picards & les Flamans, portent des bandes en travers rouges, blanches & bleuës.

Les Holandois des 17 Provinces Vnies, portent l'Orengé, le blanc & le bleu en bandes comme dessus, & leur Pavillon de Combat est Orengé.

Les Allemans, portent écartelé de rouge & de jaune.

Tamerlan, portoit le blanc, le rouge & le noir.

Saladin qui prît la Ville de Ierusalem sur les Chrêtiens, les portoit de même.

Les Turcs, portent rouge & bleu avec

un Croiſſant blanc,

L'Empereur Turc de Conſtantinople, ſes Pavillons ſont rouges & bleus avec quatre Croiſſans.

Les Vaiſſeaux de l'ancienne Turquie, qui ſont les Phœniciens, portent rouge & un Croiſſant dont les cornes ſont en haut.

La Barbarie, porte moitié rouge & moitié bleu avec un Croiſſant dont les pointes ſont en bas.

Les Rénégats ou Pirates d'Alger, Tunis, la Goulette, & la Côte de la Mer Atlantique, portent le Pavillon à 8 Pans rouge, & un Marmot Turc coiffé de ſon turban.

Les Ionques ou Vaiſſeaux de la Chine, portent deux petites Etoiles & deux Croiſſans de travers.

Les Portugais des Indes, portent une Sphére ſur du blanc.

Le Pavillon de Combat des Eſpagnols, eſt bleu.

Aux Navires vaincus pris en Guerre, menez en Triomphe, on attache leurs Pavillons aux Haubans, & à la Galére derriére traînant en l'eau, les Navires de Guerre appendent à leurs cordages les Pavillons qu'ils ont pris ſur l'Ennemi.

Quand quelque Navire particulier rencontre

contre ou passe prés d'un Navire Royal, il prend le dessous du vent, abat le Pavillon, améne le Borcet, & pour le salüer il se presente non pas côte à côte, mais en baissant comme en presentant la Poupe, prend le dessous du vent.

Le Pavillon Royal de France arboré ne s'abat jamais pour salüer, il faut plûtôt périr.

Au de-là de la ligne Equinoxiale: On ne considére plus les Livrées, le plus fort l'emporte, & tout est de bonne prise.

Le seul Navire Amiral de France, porte de Droit la Banniére Royale, & le Pavillon au grand Mât, le Vice-Amiral au Mât de Misaine, & le Contre-Amiral au Mât d'Artimon.

Les Pavillons du Mât de Misaine & d'Artimon, sont nommez gaillardettes & galans.

Les Holandois & autres Navires du Nord, font le salut de coups de Canons en nombre impair, 3. 5. ou 7. coups.

Lors que deux Navires de Guerre de semblable Banniére se rencontrent en un même Port, le premier arrivé sera l'Amiral, & le second Vice-Amiral, selon les

Ordonnances d'Espagne.

En Terre-neuve le premier arrivé, C'est l'Amiral de la pêche, & porte Pavillon au grand Mât, il donne les ordres aux autres pour la pêcherie & leur assigne leurs plages, & s'il y a quelque different il les accorde.

Si deux Navires de Guerre ou deux Armées de deux Princes souverains se trouvent en même Port ou Rade, chacun demeure Amiral des siens.

FIN.

www.ingramcontent.com/pod-product-compliance
Ingram Content Group UK Ltd.
Pitfield, Milton Keynes, MK11 3LW, UK
UKHW021021200726
13857UKWH00004B/1520